BEI GRIN MACHT SICH IHR WISSEN BEZAHLT

- Wir veröffentlichen Ihre Hausarbeit,
  Bachelor- und Masterarbeit

- Ihr eigenes eBook und Buch -
  weltweit in allen wichtigen Shops

- Verdienen Sie an jedem Verkauf

Jetzt bei www.GRIN.com hochladen
und kostenlos publizieren

Jan Sauer

Praktikumsauswertung zu Transistorverstärkern und digitalen Bauelementen

GRIN Verlag

Impressum:

Copyright © 2007 GRIN Verlag GmbH
Druck und Bindung: Books on Demand GmbH, Norderstedt Germany
ISBN: 978-3-640-93902-2

Physikalisches Praktikum für Fortgeschrittene
Technische Universität Darmstadt

Transistorverstärker und digitale Bauelemente

Abteilung C: Kernphysik

Jan Sauer

12.11.07

Vorbereitung

<u>1. Elektronenleitung im Bändermodell</u>
Die Leitfähigkeit eines Stoffes wird durch die Energieniveaus seiner Elektronen bestimmt. Aus der Quantenmechanik ist bekannt, dass Elektronen nur diskrete Energien aufnehmen können. Bei Atomen in Kristallen entstehen Wechselwirkungen zwischen Elektronen und anderen Atomen, so dass die diskrete Energielinien als kontinuierliche Energiebänder angesehen werden können. Zwischen diesen Bändern gibt es keine Energieniveaus, auf denen sich die Elektronen aufhalten können. Dies nennt man sinngemäß das „Bändermodell". Es gibt nun zwei Bänder, die von Interesse sind: das Valenzband und das Leitungsband. Elektronen, dessen Energie im Valenzband liegt, sind an ihre Atome gebunden und dienen somit nicht zur Leitung. Sie können jedoch angeregt werden, in das Leitungsband zu wechseln. Hier sind sie nicht mehr an ein Atom gebunden und können sich frei im Gitter bewegen (vgl. Elektronengas).

<u>2. Halbleiter</u>
Die Leitfähigkeit von Festkörpern zeichnet sich durch die Lage ihrer Bänder aus. Bei Isolatoren liegen diese Bänder so weit auseinander (ca. 5 eV), dass sie bei Raumtemperatur und auch bei weit höheren Temperaturen so gut wie nicht leiten (da sich die Elektronen gemäß einer Boltzmannverteilung auf die Energiebänder aufteilen, wird eine geringe Menge im Leitungsband liegen). Leiter dagegen haben überlappende Bänder, so dass bei jeder Temperatur Leitungselektronen vorhanden sind. Halbleiter fallen genau zwischen diese beiden Kategorien. Auch sie haben zwei getrennte Bänder, die aber nur ca. 1 eV auseinander liegen. Bei 0 K bedeutet dies, dass Halbleiter nicht leiten. Steigt jedoch die Temperatur erhöht sich die thermische Energie der Elektronen. Einige lösen sich von ihren Atomen und werden somit zu Leitungselektronen. Man kann hieran deutlich erkennen, dass Halbleiter mit steigender Temperatur immer besser leiten, da sich immer mehr Elektronen aus dem Valenzband lösen können. Leiter, dagegen, leiten mit steigender Temperatur immer schlechter, da die hohe thermische Energie zu Stößen zwischen Elektronen führt, was ihre Beweglichkeit hemmt.

Wenn ein Elektron von seinem Atom gelöst wird, dann ist der Atomrumpf positiv geladen und kann ein neues Elektron aufnehmen. Dieses fehlende Elektron bezeichnet man als sog. Loch. Man kann nun diese Eigenschaft ausnutzen und Halbleiter „dotieren". Das heißt, dass der Halbleiter absichtlich mit Fremdatomen verunreinigt wird. Dabei ist darauf zu achten, dass sich ihre Wertigkeiten unterscheiden. Die Wertigkeit bezeichnet hierbei die Anzahl der äußeren Elektronen, die bei Bindungen mit anderen Atomen eine Rolle spielen, die sog. Valenzelektronen (daher auch der Name „Valenzband"). Verunreinigt man zum Beispiel ein vierwertiges Germaniumkristall (ein typisches Material für Halbleiter) mit dem fünfwertigem Antimon so bindet das Antimon nur 4 seiner Valenzelektronen. Dieses Elektron benötigt nun wesentlich weniger Energie, um in das Leitungsband zu wechseln, bei Zimmertemperatur ist die nötige Energie bereits aufgebracht. Dadurch entsteht ein Elektronenüberschuss und man nennt den Halbleiter n-dotiert[1].

Analog funktioniert die p-Dotierung. Hier haben die Fremdatome ein Valenzelektron weniger als die Gitteratome. Das heißt, dass bei einem Gitteratom die äußere Schicht nicht vollständig mit Elektronen gefüllt ist. Dieses Fehlen eines Elektrons bezeichnet man als Loch. Die Leitung in einem solchen p-dotierten Halbleiter funktioniert wie folgt: Legt man ein elektrisches Feld an einen solchen Halbleiter, so werden einige Elektronen aus ihren Löchern gerissen. Sie bewegen sich in Richtung des elektrischen Feldes, bis sie sich wieder an ein Loch binden. Dieser Vorgang wiederholt sich, so dass der Anschein entsteht, die Löcher würden sich wie positive Ladungsträger verhalten.

---

1   Beispiel aus „Einführung in die Elektronik" von Jean Pütz, Kap. 4 „Die Halbleiterdiode" Seite 138 genommen

3. Diode

Fügt man zwei unterschiedlich dotierte Halbleiter zusammen, so kommt einer der nützlichsten Eigenschaften zum Vorschein. An der Grenze zwischen p- und n-Dotierung (die wir als PN-Übergang bezeichnen), bildet sich eine sogenannte Sperrschicht. Die Elektronen und Löcher „verbinden" sich wieder, so dass in diesem Bereich keine Leitungsträger mehr sind. Man würde erwarten, dass dieser Vorgang sich fortsetzt, bis keine Elektronen mehr vorhanden sind. Es bildet sich aber ein elektrisches Feld in dieser Sperrschicht auf, was weitere Elektronen daran hindert, sie zu überqueren. In diesem Zustand kann die Diode nun nicht mehr leiten. Wir sehen, was geschieht, wenn sich die Diode nun in einem äußeren elektrischen Feld befindet. (vgl. Abb. 1 und Abb. 2)

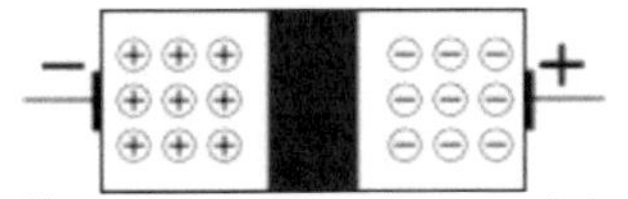

(Abb. 1: Diode in Sperrrichtung geschaltet)

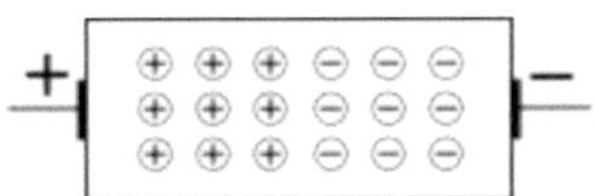

(Abb. 2: Diode in Arbeitsrichtung geschaltet)

Die Elektronen und Löcher werden jeweils an die Außenseiten gezogen, so dass die Sperrschicht sich vergrößert und der Halbleiter zu einem Isolator wird. Strom, der in diese Richtung fließt, wird von dem Halbleiter gesperrt.

Ist das äußere Feld stärker als das in der Sperrschicht aufgebaute, so können die Elektronen und Löcher diese wieder überqueren und werden in die Mitte gedrückt. Ein Strom kann nun durch den Halbleiter fließen.

4 .Transistor

Wir betrachten nun einen sogenannten Transistor, der aus zwei Dioden besteht, die sich ein Ende teilen. Es gibt npn- und pnp-Transistoren. Wir betrachten im Folgenden npn-Transistoren, da sich pnp-Transistoren in ihrer Funktionsweise lediglich in der Stromrichtung unterscheiden (und dadurch auch im Aufbau von Schaltungen mit Transistoren).

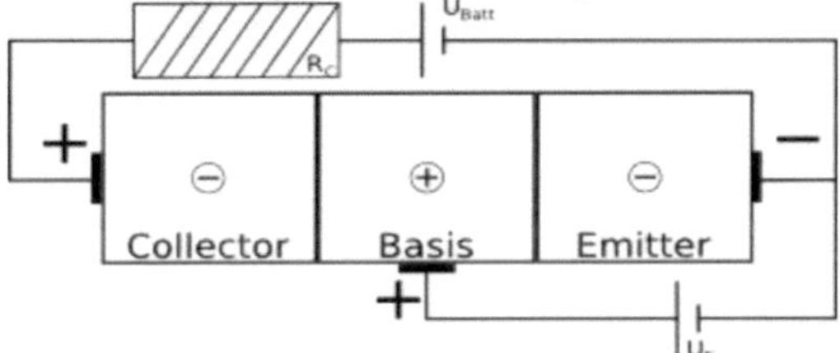

(Abb. 3: Grundsätzlicher Aufbau eines Transistors)

Gezeigt ist ein Transistor, der in Arbeitsrichtung geschaltet ist. Als Arbeitsrichtung bezeichnen wir die Richtung, in der er nicht sperrt. Die prinzipielle Funktionsweise eines Transistors ist es, Strom und Spannung zu verstärken. Wir sehen, dass der Emitter und die Basis eine Diode bilden, die in Arbeitsrichtung geschaltet ist. Durch sie fließt der Strom I_B. Wir sehen aber auch, dass die Elektronen des Kollektors an den äußeren Rand gezogen werden, so dass zwischen Kollektor und Basis eine Sperrschicht entsteht. Vergrößert man nun die Spannung zwischen Kollektor und Emitter, so vergrößert sich der Einflussbereich des Pluspols am Emitter. Dadurch, dass die p-Schicht sehr dünn ist und die Kollektorspannung größer ist als die Basisspannung, sorgen wir dafür, dass 99% des Stroms durch den Kollektor fließt und nicht durch die Basis zurück zum Emitter. Wir nennen diesen Strom den Kollektorstrom I_C. An dem Widerstand R_C fällt eine Spannung ab, die wir als U_C bezeichnen. Wir können nun die Spannung U_{CE}, die zwischen Emitter und Kollektor liegt, ermitteln. Es gilt $U_{CE} = U_{Batt} + U_C$.

4.a. Kennlinien eines Transistors

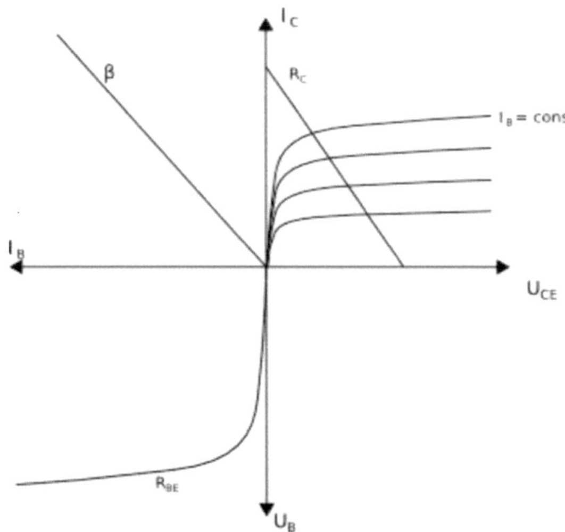

Es bestehen offensichtlich Zusammenhänge zwischen den Größen eines Transistors (I_B, I_C, U_B, U_{CE}). Diese zu berechnen ist jedoch aufwendig und führt zu langen Gleichungen.

Stattdessen verwendet man sog. Kennlinien. Statt aus gemessenen Werten eine Gleichung zu erstellen, ließt man aus den Schaubildern die entsprechenden Werte ab.

(Abb. 4: Kennlinien eines Transistors)

U_B-I_B-Kennlinie: Die Widerstandskennlinie der Emitter-Basis-Diode
I_B-I_C-Kennlinie: Die Kennlinie für die Kurzschlussstromverstärkung $\beta = I_C/I_B$
I_C-U_{CE}-Kennlinie: Die flachen Kurven sind die Widerstandskennlinien für den Strom, der vom Emitter zum Kollektor läuft, für einen konstanten Wert I_B. Die Gerade gibt die Widerstandskennlinie für R_C an.

4.b. Spannungsverstärkung und Stromgegenkopplung

Die Spannungsverstärkung eines Transistors ist definiert durch $v = \Delta U_a / \Delta U_e$, wobei das Δ den Unterschied zwischen Minimum und Maximum der Sinuswelle der Spannung kennzeichnet. ΔU_a stellt dabei die verstärkte Ausgangsspannung am Transistor dar. Die einzelnen Widerstände sind der Abbildung 5 zu entnehmen. R_E ist dabei für die Stromgegenkopplung verantwortlich. Halbleiter sind sehr temperaturabhängig. Wie bereits bei der Erläuterung zu Halbleitern angedeutet, leiten diese besser, je höher ihre Temperatur, da mehr Elektronen aus dem Valenzband ins Leitungsband wandern. Das bedeutet, dass sich ihr Widerstand verringert. Dies führt aber dazu, da es sich um eine konstante Spannungsquelle handelt, dass Basis- und Kollektorstrom vergrößert werden, was zu einer weiteren Erhöhung der Temperatur führen würde. Um zu vermeiden, dass dies geschieht, und um die Spannungs- und Stromverstärkung dadurch möglichst konstant zu halten wird eine sogenannte Stromgegenkopplung dazugeschaltet (vgl. R_E in Abb. 5) . Diese führt dazu, dass bei einer Temperatur- und damit Basisstromerhöhung eine Spannung am Emitterwiderstand R_E abfällt, die der Eingangsspannung entgegenwirkt. Dadurch sinkt wieder der Basisstrom und damit auch der Kollektorstrom und eine weitere Temperaturerhöhung wird verhindert.

Es gilt dann

$$U_a = U_0 - U_C = U_0 - R_C \cdot I_C \quad \rightarrow \quad \Delta U_a = -R_C \cdot \Delta I_C = -R_C \cdot \beta \cdot \Delta I_B$$
$$U_e = R_{BE} \cdot I_B + R_E \cdot (I_B + I_C) = R_{BE} \cdot I_B + R_E \cdot (I_B + \beta \cdot I_B) = (R_{BE} + R_E \cdot (1 + \beta)) \cdot I_B$$
$$\Delta U_e = (R_{BE} + R_E \cdot (1 + \beta)) \cdot \Delta I_B$$

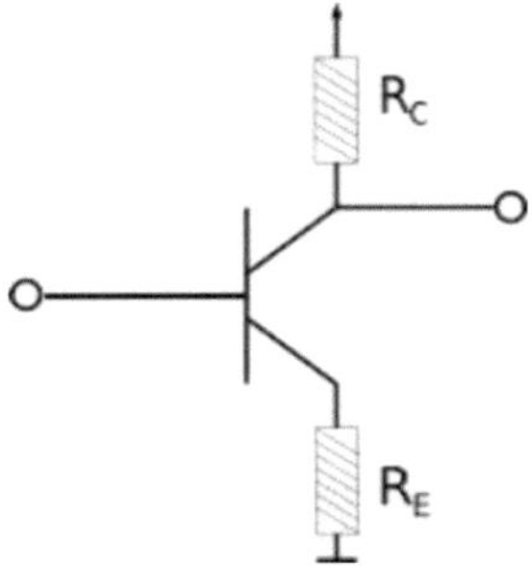

(Abb. 5: Schaltbild mit dem Transistor als Verstärker mit Stromgegenkopplung)

Weil $(\beta + 1) \approx \beta$ kann man $(\beta + 1)$ durch β ersetzen in der Gleichung.

Es folgt für v:

$$|v| = \frac{R_C \cdot \beta}{R_{BE} + R_E \cdot \beta}$$

Der Term $(R_E \cdot \beta)$ verschwindet, falls es sich um einen Aufbau ohne Stromgegenkopplung handelt, da in diesem Fall R_E weggelassen wird, also $R_E = 0$ ist.

Auswertung

Alle Fehler für Messwerte, die am Oszilloskop abgelesen wurden beruhen auf einem Ablesefehler von ± 0,1 Kästchen (also ein Teilstreich). Dem beigelegten Versuchsprotokoll können die Messwerte in Einheiten von Kästchen und die entsprechenden Umrechnungen abhängig von den Oszilloskopeinstellungen abgelesen werden.

<u>Spannungsverstärkung $v = \Delta U_a / \Delta U_e$</u>

f in Hz	v ohne Gegenkopplung	v' mit Gegenkopplung
10^2	44,5182 ± 0,4646	9,27727 ± 0,02581
10^3	173,909 ± 3,444	9,26818 ± 0,04366
10^4	182,364 ± 4,013	9,42545 ± 0,03483
10^5	171,955 ± 3,826	9,00636 ± 0,02457
10^6	77,2273 ± 5,677	6,06 ± 1,022

(Die Graphen zu den Messwerten sind im Anhang)

Die Werte für v wurden mittels dem Programm Gnuplot (Version 4.0) ermittelt. Dieses verwendet das numerische Levenberg-Marquardt Verfahren und liefert auch die angegebenen Fehler. Die Graphen dieser Messwerte sind im Anhang zu sehen.

Wir sehen, dass die Verstärkung nicht nur Frequenzabhängig ist, sondern dass sich bei den mittleren Frequenzen eine Art „Plateau" bildet. Dies sieht man noch besser, wenn wir ΔU_a als Funktion von f auftragen.

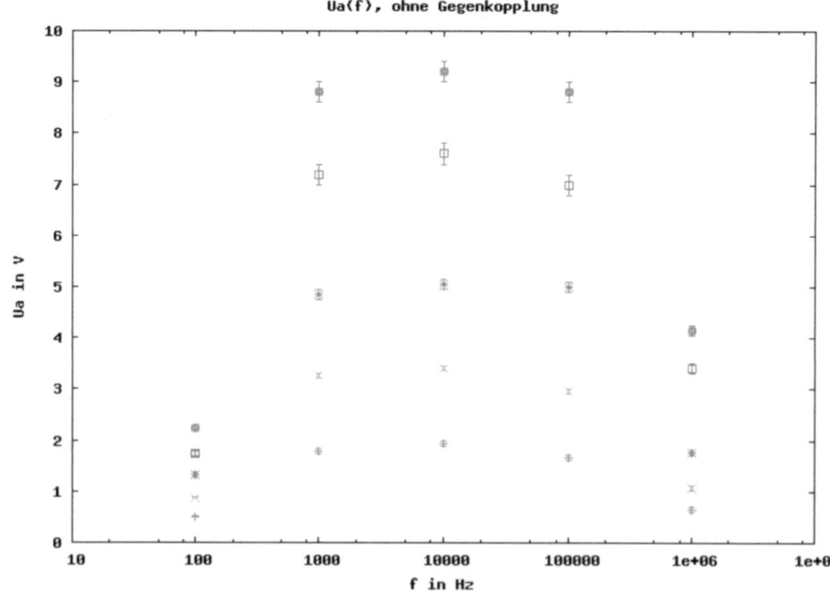

(Abb. 6: Ausgangsspannung in Abhängigkeit von der Frequenz der Eingansspannung ohne Stromgegenkopplung)

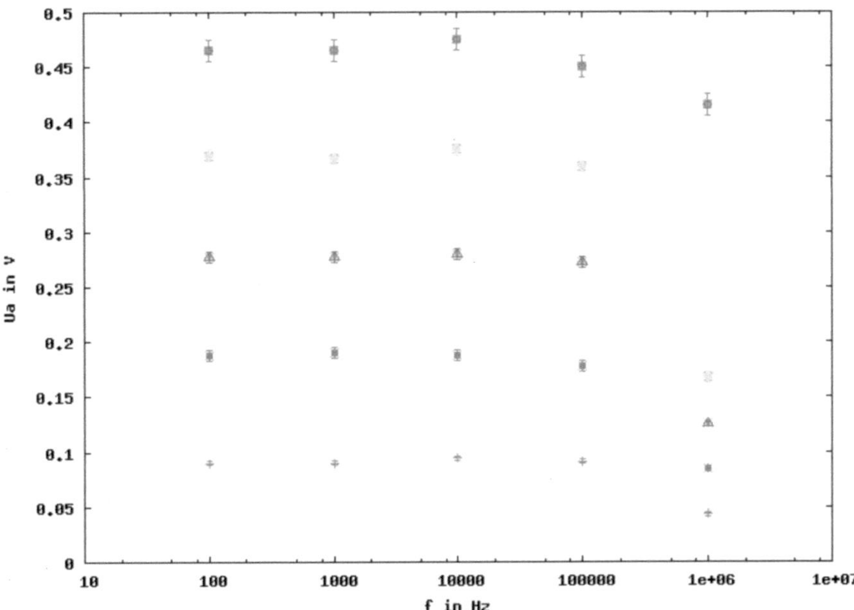

(Abb. 7: Ausgangsspannung in Abhängigkeit von der Frequenz der Eingansspannung mit Stromgegenkopplung)

Es ist ein deutliches Plateau mit steilen Seiten bei der Verstärkung ohne Gegenkopplung zu sehen. Bei der Verstärkung mit Gegenkopplung ist dieses Plateau zwar auch zu sehen, jedoch fällt es nur bei sehr hohen Frequenzen ab. Bei diesen hohen Frequenzen kann der Transistor den Strom offensichtlich nicht mehr schnell genug verstärken, bevor sie Spannung wieder abfällt (da sie sinusförmig schwingt). Bei sehr tiefen Frequenzen geschieht bei der Schaltung mit Gegenkopplung nichts, der Transistor arbeitet mit der gleichen Verstärkung. Bei der Schaltung ohne Gegenkopplung arbeitet er nicht mehr optimal bei tiefen Frequenzen. Dies liegt daran, dass ein Kondensator anstelle des Widerstandes R_E vor den Emitter geschaltet wird. Bei tiefen Frequenzen wirkt dieser wie ein sehr großer ohmscher Widerstand, weshalb die Spannung stark abfällt und der Basisstrom daher auch kleiner wird.

Für die weiteren Rechnungen verwenden wir einen Wert für v bzw. v', der auf dem Plateau der Ausgangsspannung liegt. Wir verwenden dafür $v(f=10^4\ \text{Hz})$ bzw. $v'(f=10^4\ \text{Hz})$.

<u>Messung des Eingangswiderstand R_{BE}</u>

Für die Bestimmung des Widerstandes R_{BE} verwenden wir folgende Anordnung mit dem veränderbaren Widerstand R_{pot}:

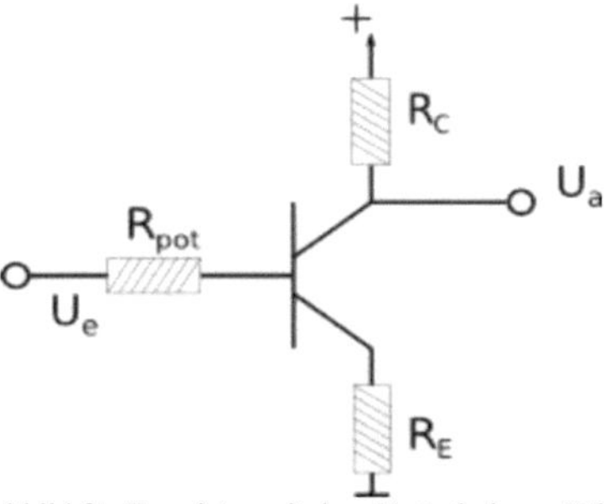

(Abb. 8: Schaltbild für Transistor mit dem Veränderbaren Widerstand R_{pot})

Wir wenden dabei folgende Messmethode an. Zuerst wird eine Spannung mit $R_{pot} = 0$ angelegt. Dieser wird, um leichter ablesen zu können, auf alle 8 Kästchen des Oszilloskops gelegt. Durch vergrößern des Widerstandes R_{pot} wird die Spannung nun auf die Hälfte gesenkt. Es gilt nun folgende Rechnung:

$$\frac{\Delta U_a}{\Delta U_e} = \frac{-R_c \cdot \beta}{R_{pot} + R_{BE} + \beta \cdot R_E}$$

(der Term für ΔU_e wurde aus der Herleitung für die Verstärkung um $R_{pot} \cdot I_B$ erweitert). Da sich die Eingangsspannung aus dem Generator nicht ändert, gilt bei einer Halbierung der Ausgangsspannung

$$\frac{\dfrac{\Delta U_a}{\Delta U_e}(R_{pot} = R_0)}{\dfrac{\Delta U_a}{\Delta U_e}(R_{pot} = 0)} = \frac{1}{2} = \frac{R_{BE} + \beta \cdot R_E}{R_{pot} + R_{BE} + \beta \cdot R_E} \quad \rightarrow \quad R_{pot} = R_0 = R_{BE} + \beta \cdot R_E$$

Das heißt, dass der für R_{pot} eingestellte Wert R_0 gleich ($R_{BE} + \beta \cdot R_E$) ist. Führt man diese Messung ohne Gegenkopplung durch, so bekommt man sofort den Wert für R_{BE}. Die Messung wurde mit $U_e = 25$ mV gemacht.

f in Hz	R_{BE} (kΩ)	$R_{BE} + \beta \cdot R_E$ (kΩ)
10^2	30 ± 2kΩ	88 ± 5,2kΩ
10^3	4,25 ± 0,2kΩ	84 ± 5,2kΩ
10^4	4 ± 0,2kΩ	84 ± 5,2kΩ
10^5	2,4 ± 0,2kΩ	75 ± 5,2kΩ
10^6	1,6 ± 0,2kΩ	20 ± 2kΩ

Es kommt jedoch ein Ablesefehler von ±0,2 kΩ für das 10kΩ-Rädchen und ein Fehler von ±2kΩ für das 100kΩ-Rädchen (vgl. Skizze zum Aufbau im Anhang) dazu. Zusätzlich dazu war bei den Widerständen mit Gegenkopplung ein Bereich von 3 kΩ vorhanden, in dem sich die Spannung auf 4 Kästchen (also auf der Hälfte des ursprünglichen Wertes) befand. Dieser Bereich war bei den kleinen Widerständen ohne Gegenkopplung nicht zu sehen, vermutlich da dieser Bereich bei diesen Widerständen zu klein war, um bemerkbar zu sein.

Bestimmung der Kurzschlussstromverstärkung β

Wir verwenden drei Verfahren, um die Kurzschlussstromverstärkung β zu bestimmen.

Erstes Verfahren: Als erstes setzen wir in die Gleichung X(f) = (R_{BE} + βR_E) den gemessenen Wert für R_{BE} und den Wert für R_E ein, den wir aus dem Anleitungsblatt entnehmen. Es gilt $R_E = R_5 = 560\,\Omega$. Wir verwenden nur eine der Frequenzen, bei denen die Spannungsverstärkung nahezu unabhängig von der Frequenz ist. Dies ist auf dem Plateau in der Darstellung von U_a über f der Fall. Wir wählen diese Frequenz, weil wir eine möglichst konstante Verstärkung wollen, um Verzerrungen von Signalen zu vermeiden. Wir wählen die Frequenz $f = 10^4$ Hz. Es gilt:

$$\beta_1 = \frac{M - R_{BE}}{R_E} = \frac{(84 - 4)\ k\Omega}{0{,}56\ k\Omega} = 142{,}8571$$

Für die Fehlerrechnung gilt:

$$\Delta\beta_1 = \sqrt{\left(\frac{\partial\beta_1}{\partial M}\cdot\Delta M\right)^2 + \left(\frac{\partial\beta_1}{\partial R_{BE}}\cdot\Delta R_{BE}\right)^2} = \sqrt{\left(\frac{\Delta M}{R_E}\right)^2 + \left(\frac{\Delta R_{BE}}{R_E}\right)^2} = \sqrt{\frac{(27{,}04 + 4)\ k\Omega^2}{0{,}3136\ k\Omega^2}}$$

$$\Delta\beta_1 = 9{,}94885$$

$$\beta_1 = 142{,}8571 \pm 9{,}94885$$

M steht für den Messwert für $R_{BE} + \beta \cdot R_E$ und ΔM entsprechend für den geschätzten Fehler.

Zweites Verfahren: Nun verwenden wir die Gleichung für die Spannungsverstärkung, in der β auch vorkam. Wir berechnen β einmal mit und ohne Gegenkopplung. Zur Unterscheidung nennen wir die Verstärkung mit Gegenkopplung v' und die Verstärkung ohne Gegenkopplung v. Für den Widerstand RC gilt $R_C = R_1 = 6\ k\Omega$ (siehe Aufbauskizze im Anhang). Es gilt also:

$$v(f = 10^4)Hz = \frac{R_C\cdot\beta_2}{R_{BE}} \rightarrow \beta_2 = \frac{R_{BE}\cdot v(f = 10^4)}{R_C} = \frac{4\ k\Omega\cdot 182{,}364}{6\ k\Omega} = 121{,}58$$

$$\Delta\beta_2 = \sqrt{\left(\frac{\partial\beta_2}{\partial R_{BE}}\cdot\Delta R_{BE}\right)^2 + \left(\frac{\partial\beta_2}{\partial v}\cdot\Delta v\right)^2} = \sqrt{\left(\frac{v}{R_C}\cdot\Delta R_{BE}\right)^2 + \left(\frac{R_{BE}}{R_C}\cdot\Delta v\right)^2}$$

$$\Delta\beta_2 = \sqrt{\left(\frac{182{,}364}{6\ k\Omega}\cdot 0{,}2\ k\Omega\right)^2 + \left(\frac{4\ k\Omega}{6\ k\Omega}\cdot 4{,}013\right)^2} = 6{,}64148$$

$$\beta_2 = 121{,}58 \pm 6{,}64148$$

Für v' gilt:

$$v'(f = 10^4) = \frac{R_C\cdot\beta_3}{R_{BE} + R_E\cdot\beta_3} \rightarrow \beta_3 = \frac{R_{BE}\cdot v'(f = 10^4)}{R_C - R_E\cdot v'}$$

$$= \frac{4\ k\Omega\cdot 9{,}42545}{6\ k\Omega - 0{,}56\ k\Omega\cdot 9{,}42545} = 52{,}2368$$

$$\Delta\beta_3 = \sqrt{\left(\frac{\partial\beta_3}{\partial R_{BE}}\cdot\Delta R_{BE}\right)^2 + \left(\frac{\partial\beta_3}{\partial v'}\cdot\Delta v'\right)^2}$$

$$\Delta\beta_3 = \sqrt{\left(\frac{v'}{R_C - R_E \cdot v'} \cdot \Delta R_{BE}\right)^2 + \left(\frac{R_C \cdot R_{BE}}{(R_C - R_E \cdot v')^2} \cdot \Delta v'\right)^2} = 3{,}0654$$

$$\beta_3 = 52{,}2368 \pm 3{,}0654$$

Die starke Abweichung des letzten Wertes lässt sich anhand folgendem Zahlenspiel erklären. Vergrößert man nämlich die Spannungsverstärkung um lediglich 7,5% auf 10,13, so erhält man β=124,37. Es könnte also aufgrund relativ kleiner Unreinheiten im Aufbau zu einer solchen Abweichung kommen.

<u>Messung der Linearität</u>

In einem bestimmten Bereich ist die Verstärkung linear. Bildet man am Oszilloskop U_a auf die y-Achse und U_e auf die x-Achse ab, so sieht man eine Gerade. Für zwei Frequenzen soll die Steigung am Oszilloskop berechnet werden:

$$m(f=10^3 \text{ Hz}) = \frac{\Delta y}{\Delta x} = \frac{4{,}05}{0{,}42} = 9{,}643$$

$$m(f=10^4 \text{ Hz}) = \frac{\Delta y}{\Delta x} = \frac{4{,}35}{0{,}45} = 9{,}667$$

Die ermittelten Steigungen stimmen mit den vorherigen Werten nicht überein. Da ich es versäumt habe, im Protokoll die Skaleneinteilung am Oszilloskop, also wie viele Millivolt pro Skalenteil auf dem Oszilloskop zu sehen sind, zu vermerken, kann ich hierüber leider keine weiteren Aussagen machen.

Interessant ist nun das Verhalten der Geraden für $f \to \infty$ und für große Werte für U_e. Erhöht man f, so sieht man ab circa 10^6 Hz, dass die Gerade zu einer Ellipse wird. Dies liegt daran, dass Ein- und Ausgangsspannung aufgrund der hohen Frequenz nicht mehr in Phase sind, sondern eine bestimmte Phasenverschiebung aufweisen. Erhöht man U_e, so krümmt sich die Gerade und bildet ein Plateau. Bei sehr hohen Eingangsspannungen wird der Transistor übersteuert, das heißt es fließt der maximal mögliche Strom im Kollektor-Emitter-Kreis.

<u>Transistor als Schalter</u>

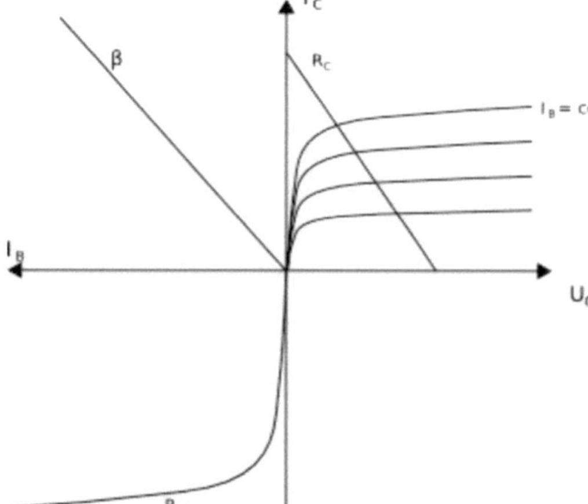

Für den zweiten Teil des Versuchs wurde der Transistor als Schalter verwendet, wie er in der digitalen Elektronik verwendet wird.

Wir betrachten insbesondere die Kennlinie für R_C. Für den Verstärkerbetrieb wählten wir einen Arbeitspunkt dort, wo die Gerade für R_C die Kurven für I_B = const schneidet, um eine möglichst große Leistung zu erhalten. Nun wählen wir unsere Arbeitspunkte an den Extrema der Kennlinie für R_C, nämlich bei $U_{CE} = 0$ V und $I_C = 0$ A.

Aus $U_{CE} = U_0 - U_C = U_0 - R_C \cdot I_C = 0$ V folgt $I_C = U_0/R_C$ (vgl. Abbildung 5 und die Rechnung dazu). Aus $I_C = 0$ A folgt damit $U_{CE} = U_0$. U_{CE} entspricht dabei der Ausgangsspannung, die wir im folgenden mit U_{aus} bezeichnen wollen. U_0 entspricht der Batteriespannung, die am Transistor anliegt.

Wir stellen dabei folgendes fest: ist die Eingangsspannung $U_e = 0$ V (und damit auch $U_B = 0$ V), so ist die Spannung $U_{CE} = U_{aus} = U_0$. Ist U_e (und damit auch U_B) aber größer als ein bestimmter Wert $U_{B,0}$, so ist $U_{CE} = U_{aus} = 0$ V. Bezeichnen wir diese Arbeitspunkte als „1" und „0", so führt der Transistor eine logische Negation aus. Aus „1" ($U_e = U_{B,0}$) folgt „0" ($U_{aus} = 0$ V) und umgekehrt. Man kann Transistoren nun so miteinander verknüpfen, dass die üblichen logischen Operatoren (AND, OR, XOR, etc.) hergestellt werden können, wodurch die digitale Elektronik ermöglicht wird.

Weil die Schaltplatte für diesen Versuchsteil am Tag des Versuches defekt war konnten wir diesen Teil leider nicht durchführen. Es sollen dennoch einige Kennwerte des Transistors hinsichtlich der Signalverarbeitung untersucht werden.

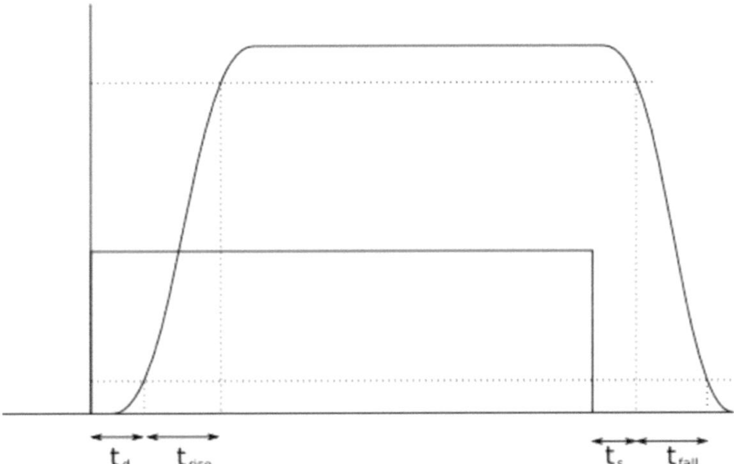

(Abb. 10: Darstellung der verschiedenen Kennzeiten eines Transistors, der im Schaltbetrieb ist)

Uns interessieren die folgenden Zeiten:

- t_d : Die Verzögerungszeit zwischen dem Anfang des Eingangssignals und dem Anfang des Ausgangssignals. Als „Anfang" bezeichnen wir die Zeit, zu der das Ausgangssignal 10% seines Maximalwertes erreicht hat.
- t_{rise} : Die Zeit, die das Ausgangssignal braucht um von 10% auf 90% seines Maximalwertes zu steigen.
- t_s : Die sog. Speicherzeit zwischen Ende des Eingangssignals und der Zeit, zu der das Ausgangssignal bei 90% seines Maximalwertes ist.
- t_{fall} : Die Zeit, die das Ausgangssignal braucht um von 90% auf 10% seines Maximalwertes zu fallen.

Es ergaben sich folgende Messwerte:

- $t_{rise} = (0{,}46 \pm 0{,}02)\ \mu s$
- $t_{fall} = (0{,}55 \pm 0{,}05)\ \mu s$
- $t_d = (0{,}38 \pm 0{,}02)\ \mu s$
- $t_s = (0{,}36 \pm 0{,}02)\ \mu s$

Auch der Einschaltpegel des Transistors interessiert uns. Der Einschaltpegel beschreibt die Eingangsspannung, bei der ein Ausgangssignal erzeugt wird. Für Spannungen unter diesem Wert bleibt die Transistor gesperrt. Zum Bestimmen des Einschaltpegels wird gemittelt über die Eingangsspannungen, bei denen die Ausgangsspannung 10% bzw. 90% des Maximalwertes beträgt.

- 10%: $\Delta U_e = (0{,}1725 \pm 0{,}005)\ V$
- 90%: $\Delta U_e = (0{,}2575 \pm 0{,}005)\ V$

Daraus folgt für den Einschaltpegel U_{ein}:

$$U_{ein} = \frac{\Delta U_{e,1} + \Delta U_{e,2}}{2} = (0{,}215 \pm 7{,}748 \cdot 10^{-4})\,V$$

Als Vergleich haben wir auch die Eingangsspannung gemessen, bei der das Ausgangssignal 50% seines Maximums erreicht hat:

- 50%: $\Delta U_e = (0{,}23 \pm 0{,}005)\ V$

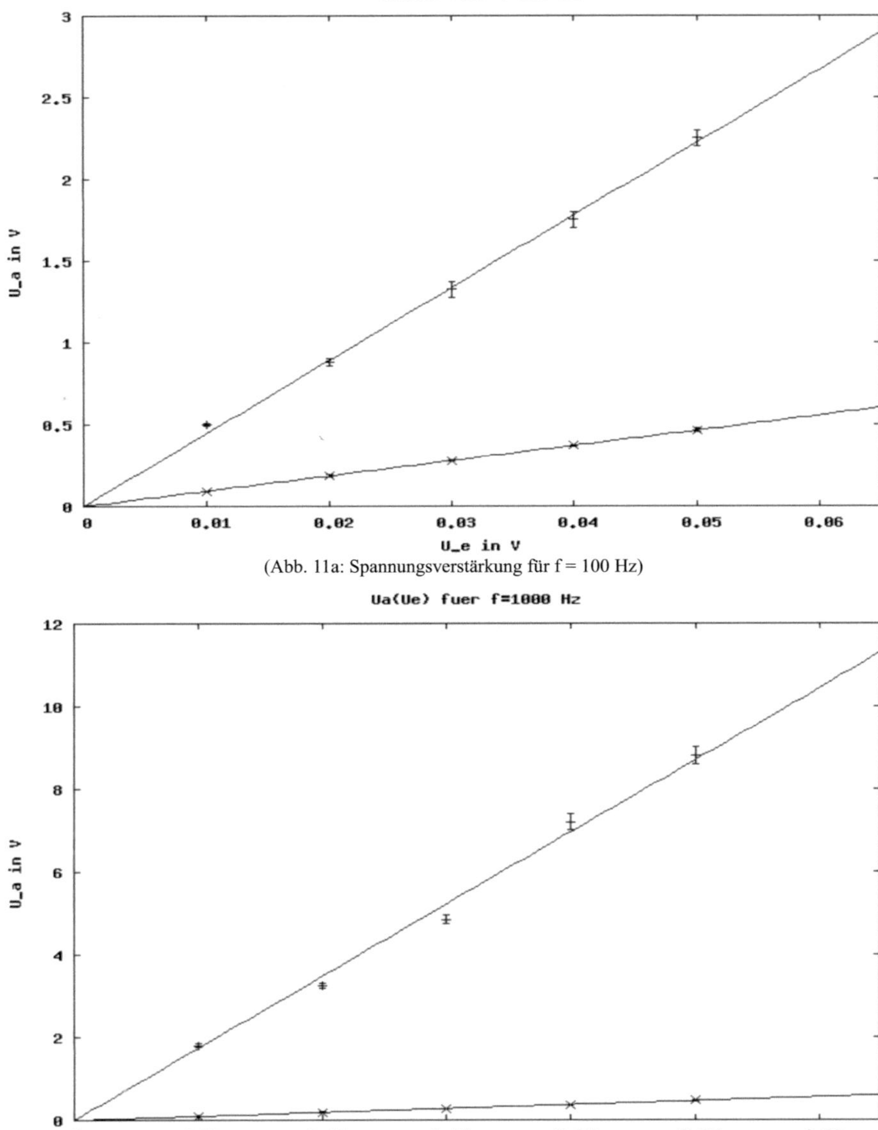

(Abb. 11a: Spannungsverstärkung für f = 100 Hz)

(Abb. 11b: Spannungsverstärkung für f = 1000 Hz)

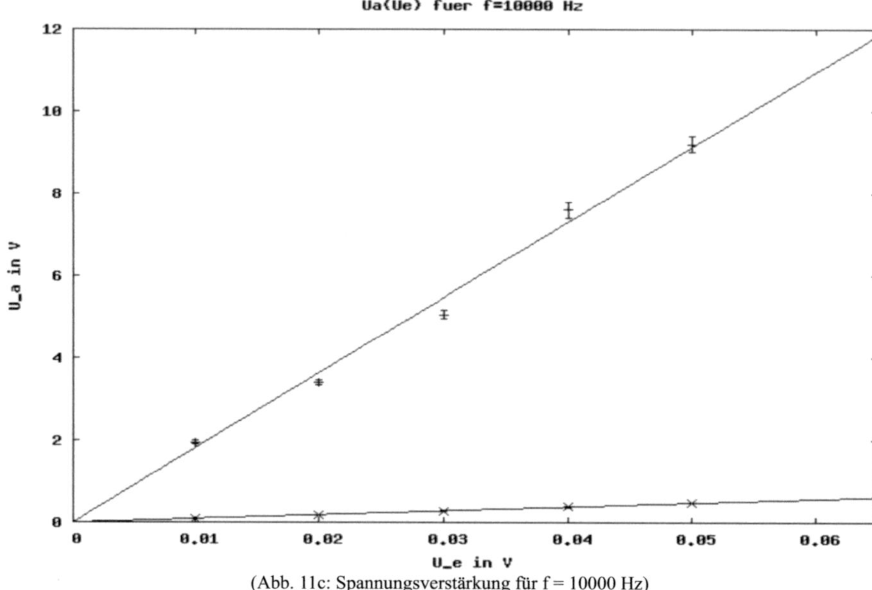

(Abb. 11c: Spannungsverstärkung für f = 10000 Hz)

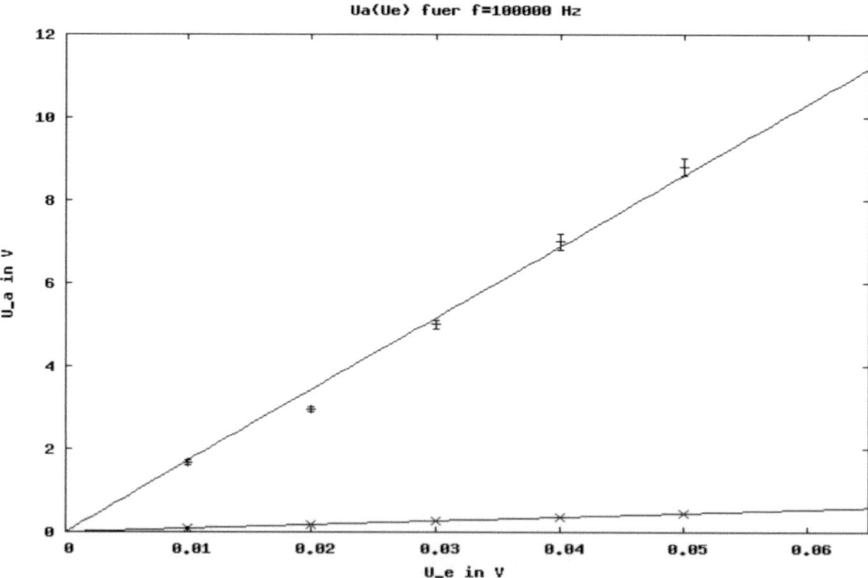

(Abb. 11d: Spannungsverstärkung für f = 100000 Hz)

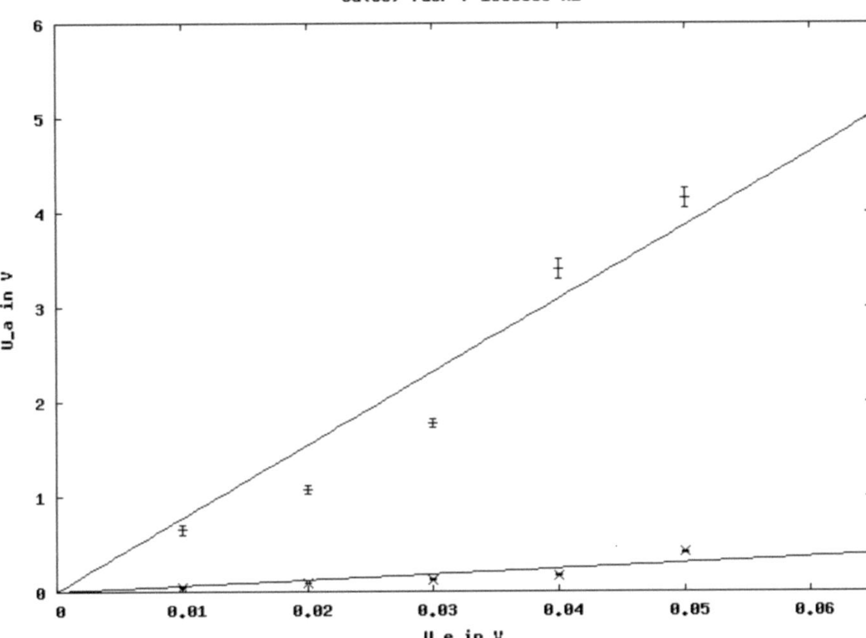

(Abb. 11e: Spannungsverstärkung für f = 1000000 Hz)

Literaturangaben:

1. Jean Pütz; „Einführung in die Elektronik", Fischer, 1993
2. Tietze, Schenk; Halbleiterschaltungstechnik, 11. Auflage, Springer, 2001
3. G. Fontaine; Dioden und Transistoren, Band 1, Philips, 1974